秋季时一片沼生栎（*Quercus palustris*）叶子的细图。

L'ÉMOUVANTE
BEAUTÉ
DES FEUILLES

树叶之美

〔法〕让·热拉尔 著

戴建平 译

重庆大学出版社

从上至下分别可见：山参（*Oreopanax epremesnilianus*）、罗伞（*Brassaiopsis mitis*）、高山兔儿伞（*Syneilesis subglabrata*）、通脱木（*Tetrapanax*）、穗序鹅掌柴（*Schefflera delavayi*）、粗毛罗伞（*Brassaiopsis hispida*）、南鹅掌柴（*Schefflera rododendrifolia*）、浅裂罗伞（*Brassaiopsis hainla*）、“斑纹彩带”北美桃儿七（*Podophyllum 'Spotty Dotty'*）。

从左至右，分别是银背番桫椤（*Cyathea dealbata*）、“可锻鉄”罗伞（*Brassaiopsis mitis*）、酒红悬钩子（*Rubus calophyllus*）、细柄十大功劳（*Mahonia gracilipes*）和庐山石韦（*Pyrrosia sheareri*）。

植物叶子是大自然的奇迹

在大自然给予我们的所有馈赠中，植物叶子以它的多样性和独特性深受人们喜爱。很多古代文明的建筑的装饰式样就参考了树叶的形状，比如古希腊人就用莨菪叶的样子来装饰建筑物科林斯式柱[1]。树叶有各种各样的颜色、图案、大小，也有粗糙、柔软、尖锐、平滑、闪亮、亚光等不同的质地。不同植物叶子的尺寸差异之大也令人惊奇，有小到1毫米的，也有大至数米的。几十年来，我寻觅到其中一些拥有最美丽叶子的品种，把它们种在我的花园里。最令我心仪的是那些具有观赏性和独特魅力的叶子，它们带着花边或斑点，色彩极其丰富，结构凸起，呈现出或卷曲或纤细的锯齿样图案。其中一些叶子会随着季节的转换而周期性地凋落，每年秋季，它们都会给世人提供一场多姿多彩、令人心醉的送别场景。待到来年春天，新叶的萌发又总是让人期许而感动。

这些在春天萌发的新叶一开始往往有些皱皱巴巴，然后会变得十分纤细、稚嫩，以至于我们会担心些许冰霜或寒风都会摧残它们。为了避免太阳的直射，有些叶子上会覆有一层灰白色或肉桂色的茸毛，呈现出别样的风致。在一年中的这个季节，这些植物叶子变得格外柔嫩、透明和新鲜，令人爱不释手。叶子是一座漂亮花园极具特征性的组成部分，可以在一年的六个月或更长时间里持续存在，随着季节的转换，树叶以它多样的形态装点着花园。我试着把对这些美丽多样的叶子的喜爱之情传递给大家。

1. 科林斯式柱，源于古希腊的一种古典建筑样式，柱头用莨菪叶纹装饰，形似盛满花草的花篮。

藜芦（*Veratrum nigrum*）在 6 月时的叶子形态。

我选取了自己花园中最美丽的一些叶子来呈现给大家。

能够在一本书里描述我对这些美丽叶子的喜爱之情，对我来说是多么的开心！我会介绍如何栽培这些品种，并且希望你们能发现自己喜爱的植物叶子的一些新特性，让你们能认识一些新的品种，其中有些几乎是不为人所知的。和你们一样，我自幼就喜欢美丽的叶子，并加以收集，选择其中最美丽的叶子来做植物标本图集。我记得我八岁时去上学的路上，看到一面长满了爬山虎的高墙，便迫不及待地希望秋天早些到来，以便可以搜集到最漂亮的叶子。我还记得在上文献研究课程的第一堂图画课时，被要求搜集枫树和橡树的树叶来练习画图。

对一片树叶的仔细观察不是件轻松的事，需要采集到它，了解它的诸多特性，才能进行适当的比较和欣赏。如果照明条件不好，或者错过了最好的季节，就无法充分领略到这些树叶全部的美。

8 月份“阿克斯敏斯特黄金”聚合草（*Symphytum 'Axminster Gold'*）的叶子。

我希望能向你们展示树叶在最佳时刻、最好的光线映衬下的美丽。我很幸运，在一年中的每一天都可以在自己的花园锄地、剪枝、种植、除草，也能观察和发现树叶之美的每一个细节，并且用照片记录下这些转瞬即逝的美丽。我会向你们介绍曾经在数月内始终牵动我内心的叶子，会向你们介绍我待过的不同花园里与我相伴的各种叶子，还有那些目前只在我的佩里耐克花园里种植的树种叶子。我以自身的经验向你们介绍这些树种的播种方式。在翻阅这本书籍的过程中，你们会发现很多照片里的叶子上都沾有露水，原因很简单：我拍照的时间通常在夏天的凌晨，正是树叶沾满露水的时候。我觉得此时的叶子很美，就像冬季清晨的薄霜可以让花园显得更加美丽。在 6 月的晴天，我会去花园采摘下最美的花叶进行拍照，用另外一种角度欣赏它。待到 11 月，树叶的颜色变得火红灿烂时，我会再做同样的事情。对花叶的观察可以帮助我们辨别树种，了解它的生长状态、缺水程度，以及对风吹和低温的耐受力，甚至可以提示我们土壤的酸碱度和渗水率是不是适合它。这些植物花叶的线条和色彩的创造性变化总是给我带来新奇欢愉的感受。

目录 CONTENTS

“斑纹彩带”北美桃儿七

犹如地毯般美丽的叶子

小檗科北美桃儿七属

学名：*Podophyllum* ‘*Spotty Dotty*’

别名：鬼臼

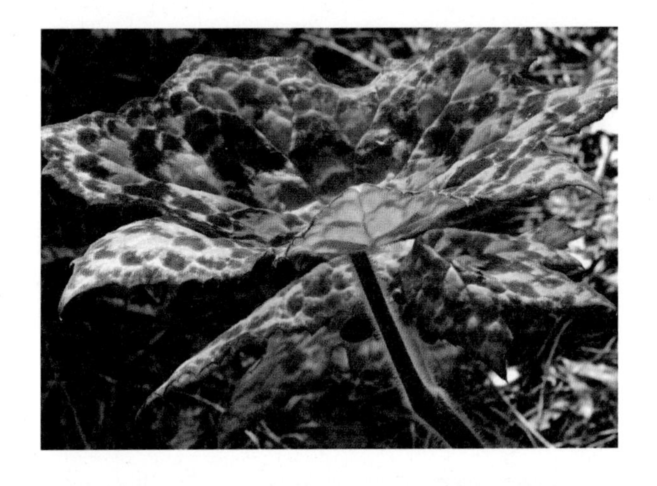

这是一类相当新的树种，近年逐渐出现在一些最高端的植物节活动中。我尤其喜欢八角莲的根茎，即北美桃儿七（别名鬼臼），又称“不规则斑点”。它很容易种植，只需要一点在夏季能保持湿润的腐殖质土壤就行，但是必须注意不能晒到一点太阳，因为任何一点阳光都能让它的叶子变黄。幸运的是，很少有植物能在全暗的环境中良好生长，并且长出这么漂亮的叶子，还能耐受低至 –15 ℃的低温。而不幸的是，腹足纲软体动物也像喜欢吃玉簪属（*Hosta*）植物一样喜欢吃北美桃儿七！

在春季临近尾声的时候，北美桃儿七会在如石榴红的叶子下长出花朵。在喜马拉雅山脉的斜坡面，北美桃儿七会自然地生长在杜鹃花的附近。目前世界上有十几种北美桃儿七的品种。

“小明星”彩桃木

非常非常细小的彩叶

桃金娘科彩桃木属

学名：*Lophomyrtus x raphi ‘Little Star’*

夏季时，“小精灵”彩桃木的变种植物的花叶变成了黑色。

这种新西兰小灌木十分讨人喜爱，它是常绿植物，其粉红色和白色的叶子非常精致。它的高度不会超过 1 米，很长时间都保持在 50 厘米左右高。它的耐寒能力不强，极端承受的低温为 -8℃，但我们完全可以把它们种在花盆里，冬季时安放在玻璃阳台中或者搬进室内。

另有一种同类的植物，名字叫“小精灵”彩桃木（*Lophomyrtus x raphii ‘Pixie’*），它也有几乎全黑的细小叶子，旁边还有一些圆形小叶片陪衬。

“小明星”喜好新鲜凉爽的土壤，而不是像很多新西兰本地的灌木那样偏爱热土。这种小灌木十分稀少，我不久前在网络上看到有卖。它与时常生长于其脚边的同样出产于新西兰的芒刺果（*Acaena*）很般配。

“小明星”和“粉蜡”紫花野芝麻（*Lamium maculatum ‘Pink Pewter’*）在一起。

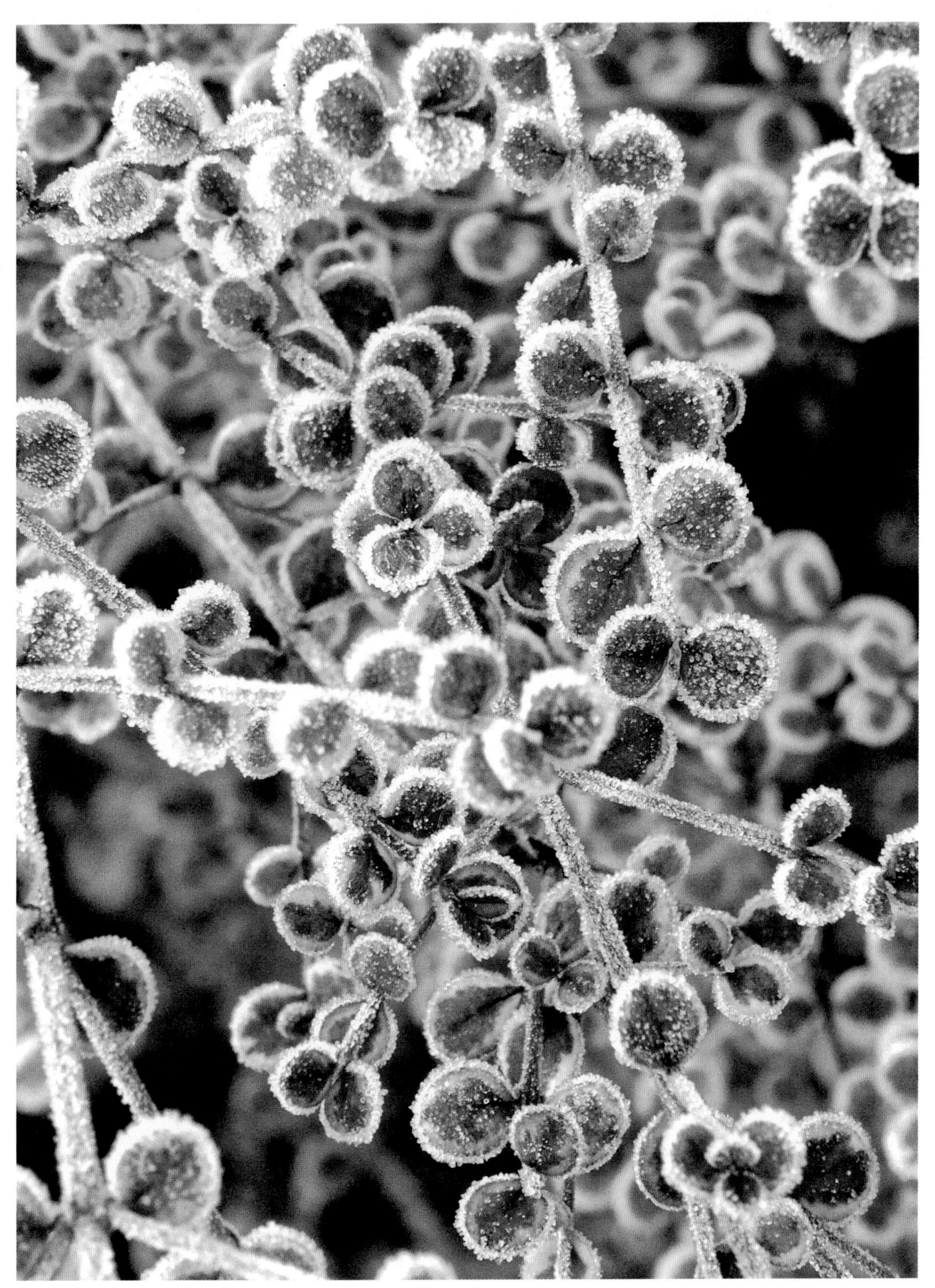

冬天的霜花更增添了它的美。

大吴风草

有着奇异叶子的常绿植物

菊科

学名：*Farfugium japonicum*

中文别名：八角鸟、八角乌、大马蹄、大马蹄香、大晕病草、独角莲、独脚莲、活血莲、金杯盂、金钵盂、马蹄当归、铁冬苋等

大叶伞蟹甲（*Roldana petasitis*）和大吴风草。

大吴风草的叶子是花园里最引人注目的。它一共有六个变异品种，每一种的叶子都有着令人惊讶的色彩和线条。

我在佩里耐克花园种植了其中四个变种。它们相当能耐寒，可以很轻松地耐受 –12 ℃的低温。栽培它们的土壤必须潮湿且渗水率良好，酸碱度为中性即可。它们的叶子直径大约有 40 厘米，所有的品种都是常绿植物。大吴风草的开花期不固定，但往往比较晚。它们很少见，要大量种植难度较大，我只在勒巴吉和迪诺·佩里扎罗苗圃里找到过一些种子。大吴风草的来源地是亚洲。

大吴风草和黑沿阶草（*Ophiopogon planiscapus ‘Niger’*）。

“斑点”大吴风草

花园中的一头豹子

菊科大吴风草属

学名：*Farfugium japonicum ‘Aureomaculatum’*

我们常把它称为“植物界的豹子”。它们的圆形叶片上闪烁着黄光的大块斑点，在花园中格外醒目。在佩里耐克花园里，它的叶子在 -5 ℃的冬天都不会凋落，甚至可以抵御气温更低的严寒。一株“斑点”大吴风草直径可以长到 1 米，高达 40 厘米，还能与不同的禾本植物共生，如黑沿阶草和“金叶”大岛薹草（*Carex oshimensis ‘Evergold’*）。大吴风草的叶子是蛞蝓的最爱！一年中，至少有八个月以上的时间，这些叶子都非常具有观赏性。每年春天，我会进行修枝，这样有利于新叶子的生长。

“金叶”大岛薹草和“斑点”大吴风草。

一幅由“斑点”大吴风草、“花叶”蓝沼草（*Molinia caerulea ‘Variegata’*）、“雪人杰克”大叶蓝珠草（*Brunnera macrophylla ‘Jack Frost’*）和“焦糖”矾根（*Heuchera ‘Caramel’*）组成的画卷。

“浮云锦”大吴风草（*Farfugium 'Argenteum'*）是一种不可思议的植物，它的叶子是全白的，特别具有观赏性。

“波纹”大吴风草（*Farfugium 'Crispatum'*）的大卷曲叶子在花园里独树一帜。

鬼灯檠属

非常容易种植的一种极品植物

虎耳草科

学名：*Rodgersia podophylla*

别名：牛角七、老蛇莲

池塘里的鬼灯檠，与花菖蒲（*Iris kaempferi*）和大叶草（*Gunnera*）在一起。

和落新妇属植物长在一起的鬼灯檠。

我种植鬼灯檠属植物已经有30多年，这是一种还不太为人所知的生活在黑暗环境中的漂亮植物。

它有好几个变种，都很好看。我种得最多的是鬼灯檠，尤其喜欢它春天萌发出来的紫红色新叶，可以一直持续到6月份。幸运的是，蜗牛很少吃它的叶子。夏天，它需要肥沃而潮湿的土壤来生长。它的乳白色花朵在6月盛开，而且很香。

种植鬼灯檠时，每株之间的距离至少需要80厘米，因为它的生长速度很快，每一株的叶片覆盖面积可达1平方米。它能长出一点根蘖，但从不会疯长。把它与同样有着漂亮叶子的落新妇属（*Astilbe chinensis*）或羽衣草属（*Alchemilla japonica*）植物种在一起时，会特别好看。

鬼灯檠来自中国、日本和缅甸。

十大功劳属

一年四季都细巧雅致

小檗科

学名：*Mahonia*

别名：老鼠刺、猫刺叶、黄天竹、土黄柏等

十大功劳属植物是常绿灌木，不太为人所知，然而它们有着许多优点。不同品种的十大功劳的叶子颜色迥异。在冬季很长一段时间里，我们可以看到很多北美十大功劳（*Mahonia aquifolium*）多彩的波纹状叶子，以及花市里十大功劳花束的身影。

1975 年，我很想在自己的花园里种上“博爱”十大功劳（*Mahonia x 'Media Charity'*），但当时的法国还没有它的踪迹，直到后来在雷翁·高阿杭苗圃公司的巴黎分部才找到。这家公司擅长经营稀缺植物品种。到了今天，这个品种在大巴黎地区已经很常见了。

自那以后，我知道了十大功劳有 50 多个种类，都非常漂亮而稀少。十大功劳很容易杂交，所以有几千个不同的杂交变种。这种植物很少生病，喜欢半阴暗的环境和肥沃而新鲜的土壤，在大树底下也能茁壮生长，这很少见。

十大功劳对环境酸碱度的要求不高，抗旱能力也让人惊讶。我最喜欢的是阿里山十大功劳（*Mahonia lomariifolia*）、湖北十大功劳（*Mahonia confusa*）、亮叶十大功劳（*Mahonia nitens*）、宽苞十大功劳（*Mahonia eurybracteata*），以及叶背为纯白色的细柄十大功劳（*Mahonia gracilipes*），还有常见的“博爱”十大功劳。

宽苞十大功劳的叶子和细柄十大功劳的叶背。

冬季，十大功劳的挂霜树叶显得与众不同。此为湖北十大功劳。

冬季里的萨维丽娜十大功劳（*Mahonia x savilliana*）有着鲜艳的色泽。

春天里新长出的萨维丽娜十大功劳芽苗。

春天时“夜总会”亮叶十大功劳（*Mahonia nitens 'Cabaret'*）的叶子。

春天时宽苞十大功劳的叶子。

春天时细柄十大功劳的叶子。

十大功劳属不同品种的耐寒性是不一样的，长小叶十大功劳可以耐受 -10 ℃的低温，“博爱”十大功劳（*Mahonia x 'Media Charity'*）可以耐受 -15 ℃低温，甚至更低。叶背为纯白色的细柄十大功劳，最好种植在斜坡的高处，以便能够观赏到它美丽的叶背。细柄十大功劳经常进行自体传播，开出的花是橘红色的，魅力十足。长柱十大功劳（*Mahonia duclouxiana*）很高大，有着令人印象深刻的巨大树叶。

很多十大功劳品种的新叶萌发时就已经带有颜色，有一些在秋季时也会如此。

阿里山十大功劳上开始生长的新叶子。

在冰冷环境中挂霜的漂亮的“温柔轻抚”宽苞十大功劳（*Mahonia eurybracteata* ‘*Soft Caress*’）。

长柱十大功劳。

“夜总会”亮叶十大功劳及其美丽的橙色花朵。

萨维丽娜十大功劳。

细柄十大功劳。

矾根属

全年的色彩极其丰富

虎耳草科

学名：*Heuchera*

别名：蝴蝶铃、肾形草

在各种植物节中，我们可以见到很多矾根属植物的影子。现在它们已经有十多个变种，叶子或大或小或卷曲，都有着令人惊异的丰富颜色。无论在哪个季节装点花园，矾根都是很好的覆地植物，它们中的一些品种已经存在很久，而且树龄往往是最长的。其中有两种给我的印象很深，一种是黑色的“黑曜石”矾根（*Heuchera 'Obsidian'*），它可以生长很久，另一种“焦糖”矾根（*Heuchera 'Caramel'*）能给花园带来一种少见的美丽颜色，但我觉得，与焦糖的酱色相比，后者的颜色更接近三文鱼。我种植得最多的是古老的“紫色宫殿”矾根（*Heuchera 'Palace Purple'*），因为它们可以自体传播。秋季应该给矾根属植物剪枝，在枝头做插条，这很容易，成功率可以达到90%。裂矾根属植物（*Heucherella*）和矾根很接近，也是色彩丰富的覆地植物，我特别喜爱一种叶子有褶皱，名叫“红绿灯”的裂矾根（*Heucherella 'Stoplight'*）。

所有的这些品种都喜欢半阴暗的环境，而不是光照。它们嗜好新鲜而富含养分的土壤，属于常绿植物，耐寒性很强，可以耐受 −15℃的低温。

“黑曜石”矾根和“蓝色伊利亚”羊茅草（*Festuca 'Elijah Blue'*），两个品种一整年都会很漂亮。

“褶边巧克力”矾根（*Heuchera ‘Chocolate Ruffles’*）、“焦糖”矾根和“果酱”矾根（*Heuchera ‘Marmalade’*）。

“焦糖”矾根。

生长在半阴暗环境中的“红绿灯”裂矾根的叶子最美。

“焦糖”矾根。远处是“布丽吉特”杜鹃（*Rhododendron 'Brigitte'*）。

“黑曜石”矾根的叶面与“褶边巧克力”矾根的叶背。

“帕维罗伦卡”接骨木

满布斑点的叶子让花园熠熠生辉

忍冬科接骨木属

学名：*Sambucus ‘pulverulenta’*

别名：公道老、扦扦活、马尿骚、大接骨丹

接骨木属于比较容易种植的植物，它们能耐受严寒，适应酸性或石灰质的土壤，这在诸多植物中非常少见。

在所有培植的接骨木及其变种中，“帕维罗伦卡”显然是最美的一种，树叶上的白色斑点非常特别，且具有很高的观赏性。不过，“帕维罗伦卡”需要五年的时间才能完全成熟，释放出它的美。我把它种在有着翠绿叶子的杜鹃中间，以便它能脱颖而出，营造一番别致的美景。

它偏爱略微湿润的土壤，冬季的时候，需要修枝，特别是主枝，这样可以为新枝的萌发提供便利，从而显现出它最美丽的一面。

在图的局部，我们可见“帕维罗伦卡”接骨木（*Sambucus 'pulverulenta'*）点状花纹的细节。

长萼大叶草

尺寸最大的草本植物之一

大叶草科大叶草属

学名：*Gunnera manicata*

别名：大叶蚁塔、大根乃拉草

因为那不可思议的巨大叶片，长萼大叶草已成为公众皆知的植物。

自然界有两种巨叶型的长萼大叶草，一种是来自巴西的长萼大叶草，它的叶片直径最大可以达到 2.5 米；另一种是产自智利的智利大叶草（*Gunnera tinctoria*），也拥有直径超过 1.5 米的巨叶。需要注意的是，两个品种经常被以同样的名字买卖，由此让人们觉得这些叶子看上去并没有想象中的那么大的区别。这两个品种在树龄不长时，确实不容易区分，需要求助于可靠的苗圃工作人员。

在各自的原产地它们都生长在小溪和河流边，喜欢阳光。为了让它们长出硕大、美丽的叶子，种植时需要选择相似的环境，至少夏季必须让它们处在潮湿且光照较为强烈的环境中。它们有些怕风，但我的花园位于海边，它们的生长从来没有受到影响。

长萼大叶草的耐寒度在 –10℃以上，秋天修剪过后，当树叶底下的巨大芽条萌发时，要注意不要让它们受冻。

佩里耐克花园池塘边美丽的长萼大叶草。

在一株主轴花朵前即将展开的长萼大叶草的叶子。

在智利，人们把智利大叶草的叶子包着在炭火上烤着吃。

这些新出的嫩叶在向我们预示未来成熟叶子的巨大尺寸。

生长在水边的长萼大叶草才能长出最壮观的巨型叶子。

在佩里耐克花园的沼泽地区，密布的长萼大叶草成为玉蝉花（*Iris ensata*）的“保护伞”。

柔毛羽衣草

天鹅绒缎上的珍珠

蔷薇科羽衣草属

学名：*Alchemilla mollis*

别名：柔毛斗篷草

它们就像几乎夏天清晨可见的叶子上的露珠，令人赏心悦目。这种小植物的叶子形态真是奇异，从不让人失望。柔毛羽衣草是一种漂亮的覆地植物，其叶片的特别构造可以保留住水珠，同时自己却从不会被打湿。它们轻盈朦胧的花朵既能在花园中绽放出美丽身姿，也可以制作成令人愉悦的花束出售。

一大批即将开花的柔毛羽衣草。

柔毛羽衣草主要分布在较低海拔的山区，能够在阳光照射或半阴暗的环境中生长，对土壤酸碱性的敏感度不高，能适应石灰质或酸性的土壤。在适宜的湿度下柔毛羽衣草可以自体传播。

柔毛羽衣草可以和日本鸢尾花（*Iris*）、地杨梅（*Luzula*）、多年生天竺葵（*Pelargonium*）、半边莲（*Lobelia chinensis*）等植物和谐共生，它们非常耐看而结实，在花园中你不可能不注意到它。

在这里，柔毛羽衣草生长在萱草（*Hemerocallis*）和玉蝉花的周围。

在这片柔毛羽衣草的叶子上的水珠。

高山兔儿伞

叶子纤薄而硕大

菊科兔儿伞属

学名：*Syneilesis subglabrata*

别名：高山破伞菊

我是在库尔森地区一个英国苗圃师那里发现这种植物的，那个苗圃师只卖很少见的多年生品种。它曾经被英国著名园艺师克鲁格·法姆（Crug Farm）转手过，此人以收藏野生鹅掌柴品种而闻名，尤其是大家梦寐以求的大叶鹅掌柴（*Schefflera macrophylla*）。

高山兔儿伞是在中国台湾一些少光而干旱的山谷里被发现的。它的叶子直径达到30厘米以上，结构纤细到罕见的程度。仅仅观赏它的叶子已是一件令人赏心悦目的事情。

两年前，我在佩里耐克花园的一个夏季相当干燥而黑暗的角落里种下了它，那里主要是腐殖质土壤，就像森林里一样。目前看来高山兔儿伞还比较适应这样的土壤。

春天来临，新的嫩叶萌发的时候，高山兔儿伞会让人感到眼花缭乱。我特别希望这样少见而新奇的景象能在这片昏暗的区域上演。

它们刚刚长出来，犹如初到世间的婴儿一样。

我急切地盼望它们能在花园里茂密地生长！

无论是正面还是背面，这种兔儿伞的巨型叶子都显得那么神奇。

“画家的调色板” 蓼草

名副其实的美丽树叶

蓼科蓼属

学名：*Persicaria 'Painter's Palette'*

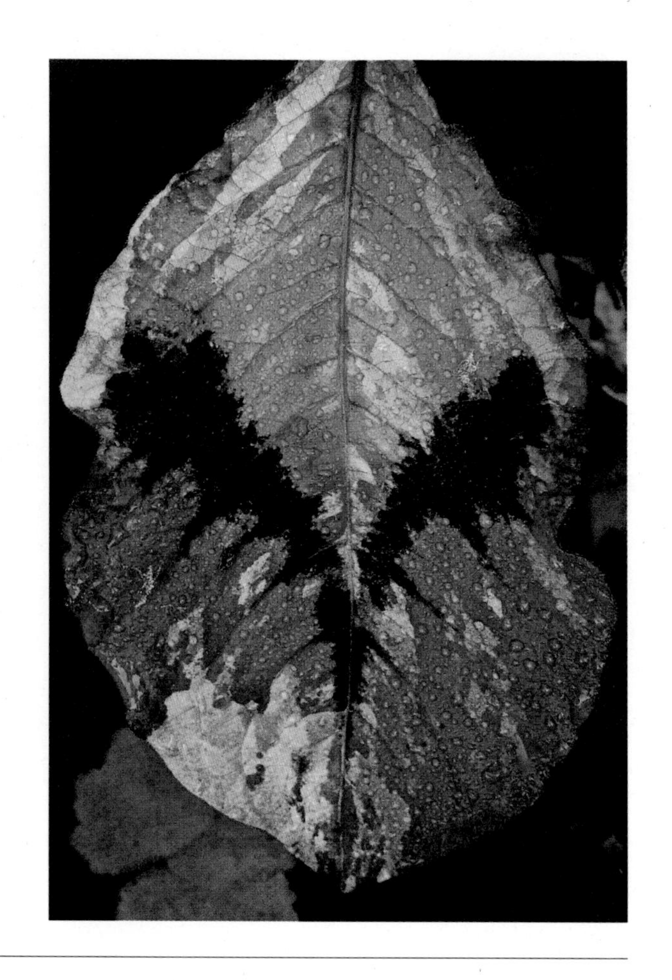

蓼属植物“画家的调色板”确实名副其实，它多彩的叶子真像一块调色板一样。

这些树叶在阴暗或半阴暗的环境里特别好看，而在阳光照射下，虽然不致枯死，但颜色会逊色不少，带有太多的浅黄色。

这种植物从不会长出根蘖，在花园中的生长周期很长，我 15 年前种下它们，至今仍存活且风姿绰约。这很少见。

“画家的调色板”和其他蓼属植物一样喜欢夏天比较新鲜的土壤，这样才能长出好看的叶子，它有 50 厘米左右高，所有的蓼属植物都很少被蛞蝓袭击。

“紫色的幻想” 蓼草

就像被一位艺术家绘就的画卷

蓼科蓼属

学名：*Persicaria ‘Purple Fantasy’*

蓼属植物是很容易种植的多年生植物。它们很多都是非常漂亮的覆地植物，多来自亚洲。

“紫色的幻想”的叶子特别有观赏性，与其他植物都不同。我很喜欢它叶子的颜色和尖尖三角形的叶片形状。

“紫色的幻想”有时会爬上周边生长的植物枝干，也会生出根蘖，但在我的花园里，它从未表现出对其他植物的侵袭。它喜欢半阴暗的环境和比较新鲜的土壤，对土壤是酸性还是石灰质毫不在乎。它能很容易地自体传播，所以无须购买很多种子。它的高度可以达到 30 厘米。

蜜花

锯齿状的全蓝色叶子

蜜花科蜜花属

学名：*Melianthus major*

蜜花萌发出的新枝上生长着非常漂亮的蓝绿色叶子。它属于常绿植物，冬季一过就能开出花来。

成熟的蜜花是一种高约1.5米的灌木，可以在春天进行剪枝。蜜花的花枝可以长到两米高，花朵是深紫色的。蜜花的原产地是南非，喜欢温暖湿润的气候，可以耐受大约 –7 ℃的低温。

蜜花和“黑龙”沿阶草（*Ophiopogon planiscapus 'Nigrescens'*）、“金叶”箱根草（*Hakonechloa macra 'Aureola'*）在一起的情景。

“银枪”聚星草

像细细的银色长枪

百合科聚星草属

学名：*Astelia chathamica ‘Silver Spear’*

别名：无柱花、芳香草

“银枪”聚星草是花园中的明星，如同银枪般的叶子使得它在所有植物中格外醒目。

“银枪”从幼枝长到成年的时间比较长，需要5年的时间才能达到1.2米的高度，但这份耐心等待是值得的。

它与来自新西兰的植物共生，喜欢半阴暗或不太炙热的阳光环境，在夏季新鲜而易渗透的土壤环境中生长良好，耐寒度和麻兰属植物（*Phormium*）近似，可以达到 -8℃。

自然界里还有好几种颜色不同、尺寸比较小的聚星草品种。

在佩里耐克花园，软树蕨（*Dicksonia antarctica*）成为“银枪”聚星草的“保护伞”。

两种产自新西兰的银色植物：“银枪” 聚星草和神奇的银蕨（*Cyathea dealbata*）。

树老鼠簕

一种带刺而有派头的植物

爵床科老鼠簕属

学名：*Acanthus arboreus*

别名：老鼠怕、老鼠笋、软骨牡丹、水老鼠簕、蚧瓜簕、木老鼠簕

这种美丽的老鼠簕属植物产自乌干达山区，对寒冷比较敏感，但是一旦长到两岁，就能很轻松地在 -5℃的严寒中发芽。

树老鼠簕对土壤的条件并不苛求，石灰岩质或酸性土壤都没有问题。在充足的阳光照射下，它能很好地生长，而且长得很快，很容易就能长到 1 米以上。它的花是粉红色的。

藜芦

极有风采的一种植物

百合科藜芦属

学名：*Veratrum nigrum*

别名：山葱、葱葵、葱苒、葱茭、大叶藜、大叶芦、翻天印、丰芦、憨葱、旱葱、老寒葱、芦莲、鹿葱、鹿葵、喷嚏草、七厘丹、山棕榈、搜山虎等

在我的花园里种植藜芦，只因为它的叶子有着罕见的美，形状如同世界上最好的服装师做出来的衣料褶皱。

这是一种在花园里不容易看见的植物，原因有两个：它长得很慢，叶子长到成熟期需要好几年的时间。它的种子也很难在苗圃里被找到。

种植藜芦本身不是一件困难的事情。一个半阴暗的环境和略微湿润的石灰质土壤就足够了。藜芦来自阿尔卑斯地区的高山牧场，可以抵挡低至 -15℃的严寒。

一旦种植成功，它能像牡丹一样在花园里生长很多年。每年，我们都能幸运地在春天看到它漂亮的叶子，在夏天看到它毫不张扬的紫色花朵。

灌木千叶兰

Z 字形蜿蜒纠结的心

蓼科千叶兰属

学名：*Muehlenbeckia astonii*

别名：新西兰千叶兰

这种灌木有着心形的小叶子，生长比较慢，能够自然地长成圆形。尽管它是落叶植物，但整年都具有观赏性。

灌木千叶兰的原产地在新西兰，其 Z 字形蜿蜒的枝条在冬天非常迷人，不过，它们很少能长到 1 米以上。它喜爱阳光还有排水良好的土壤，哪怕是沙土地都可以生长。

它对风和水雾具有较强的抵抗力，可以耐受 -10℃左右的严寒。

佩里耐克花园里的这株有 15 年树龄的灌木千叶兰，与一株扑克芦竹（*Cannomois virgata*）种在一起。

在 Z 字形枝条上点缀的数千朵蜿蜒纠结的心形叶子。

肺草属和蓝珠草属

有着美丽图案的灰色叶子

紫草科

学名：肺草（*Pulmonaria*）、蓝珠草（*Brunnera*）

这是两种用途很相似的覆地植物，不具有侵略性，生长期长，有着漂亮的灰色调，还有斑点和线条。

在佩里耐克花园，我有好几个肺草属的品种，十几年来，它们互相频繁地进行杂交和传种。传种下来的植株叶子往往是灰色的，上面有着不同大小的白色斑点。它们的叶子在整个夏天和温度较高的暖冬都有观赏性。

这就是漂亮的“雪人杰克”大叶蓝珠草。

蓝珠草属植物有着粉红和紫色的花朵，就像勿忘草那样，而肺草属植物的花期很早，经常在3月份就能开出很漂亮的花朵。夏天的时候，可以把蓝珠草的枯萎花朵修剪掉，这样有利于它的叶子生长。

它们都喜欢半阴暗的环境和新鲜的土壤，在麦地田头就可以很好地生长，都能耐受 –15 ℃的低温。两种植物的生长期都非常长，我种下它们已经有20年了，始终会为见到它们而开心。

我最心仪的肺草属植物：“E.B. 安德森”长叶肺草（*Pulmonaria longifolia ‘E.B. Anderson’*）。

肺草属和蓝珠草属植物可以在同样的种植环境下生长，此处是“罗伊 · 戴维森”长叶肺草（*Pulmonaria longifolia 'Roy Davidson'*）和“雪人杰克”。

几株肺草属植物的样本，从左至右是：奇异的自体播种品种“罗伊 · 戴维森”“罗伊 · 戴维森”“冷棉”肺草（*Pulmonaria 'Cotton Cool'*）和“E.B. 安德森”。

美丽的“雪人杰克”与一株“焦糖”矾根。

一株“罗伊 · 戴维森”，与一株“金叶”大岛薹草并肩而立。

绢毛悬钩子

卷曲的扁状叶子令人感到赏心悦目

蔷薇科悬钩子属

学名：*Rubus lineatus*

别名：五叶莓

这种生长于越南北部海拔2 000米高山上的荆棘类植物，其卷曲的叶子有着罕见的美感。

它的叶背为纯白色，极为少见，也使得整株植物特别具有观赏性，在园林植物中一枝独秀。我是通过我的园丁、邻居赛尔热·勒洛尔先生才认识它的。这株荆棘被种在佩里耐克花园的一棵松树下，在半阴暗的环境中生长良好，甚至很有分寸地长出了些许根蘖。

每年都需要对它进行修剪，高度控制在30厘米左右，以便让它长出更强壮的枝条，生出最大的叶片。夏天，这种植物很喜爱潮湿的环境，所以为了保持叶子的美观，在最热的几个月需要勤浇水。

在花园的暗区，另一个与它相近的品种也非常有趣，就是出自喜马拉雅山区的酒红悬钩子（*Rubus calophyllus*）。

这些灌木可以耐受-10℃左右的低温，如果生长稳固，甚至可以抵御更冷的气候。

这些星状的叶片在花园中特别引人注目。

细节图为我们展示出卷曲叶片的优美姿态，也提醒我们这是一种荆棘，叶子的边缘有着极细小的尖刺。

一张翻过来的悬钩子叶片。这是一张彩色照片，尽管叶背漂亮的灰白色会给人黑白片的错觉。

这张照片特别让我注意到植物叶子能够展现出的精细程度。

马醉木属

那是春天里火红的秋季

杜鹃花科

学名：*Pieris*

“花叶”马醉木（*Pieris japonica ‘Variegata’*）正在长出新叶。

马醉木属植物是非常漂亮的常见灌木，它们春天长出的叶子可以长时间保持颜色。各个品种的马醉木属植物大小迥异，高度从 50 厘米到 7 米不等。

在超过一个半月的时间里，它们的叶子就像在举行一场色彩的狂欢盛会，色调从那不勒斯黄，到橘黄，到朱砂红，到粉红，再转到酒红色。

马醉木属植物开出的花朵也毫不逊色，尤其是栽培品种“名门闺秀”（*Pieris japonica 'Debutante'*），能开出该类植物中最美丽的花朵。“森林之光”（*Pieris japonica 'Forest Flame'*）在几年前因其叶子红如朱砂取得巨大的成功。这种灌木喜欢排水良好的酸性土壤，在我的花园里偏好半阴暗和光照的环境，比平时大家所想象的要长得快。

根据品种不同，在 15 年里马醉木可以长到 3 米高。它们很少死亡，且从不生病，是一种非常好的可以长期存活的灌木品种。

“桂离宫”马醉木（*Pieris japonica ‘Katsura’*）可以长久地保持叶子的胭脂红色。

“花叶”马醉木和“大镜”鸡爪槭（*Acer palmatum ‘O kagami’*）组合栽培。

舟山新木姜子

一幅让人眼花缭乱的肉桂色图卷

樟科新木姜子属

学名：*Neolitsea sericea*

别名：五爪楠、男刁樟、佛光树、白新木薑子

我们会在这种植物新长出嫩叶时忽然意识到它的美。它们令人惊讶地卷曲在一片漂亮的肉桂色中，显现出非常独特的画面。

舟山新木姜子是7 ~ 8米高的小树种，产自中国，生长于排水良好的新鲜土壤里，喜好半阴暗的环境。它在我的花园里种得比较少，这有些遗憾。它能抵御 -12 ℃的低温，而且在除芯季节颜色特别好看。

大叶伞蟹甲

柔软的叶片上有着小丑领饰般的图案花纹

菊科伞蟹甲属

学名： *Roldana petasitis*

大叶伞蟹甲的叶子如天鹅绒一样柔软，上面的花纹也非常独特。

这种常绿植物在我的花园里长到了两米高，从 2 月到 4 月会开出黄色的花朵。夏天，它们需要新鲜而湿润的土壤才能长出美丽的叶子，冬天可以耐受 -7 ℃的低温，即便气温更低一些，也能在春天发出新枝。大叶伞蟹甲产自墨西哥南部，我种植它们已经 15 年，从来没有生过病。它的外形很有异国风情，在芭蕉树下生长得很好。

虎耳草

以圆形叶子点缀花园，喜欢阴暗、湿润环境

虎耳草科虎耳草属

学名：*Saxifraga stolonifera*

别名：疼耳草、矮虎耳草、澄耳草、耳朵草、金丝荷叶、金线吊芙蓉、猫耳朵、狮子草、丝棉吊梅、天荷叶、天青地红、金丝吊兰、石丹药等

虎耳草是一种非常有特色的园林植物。它们中的大部分品种属于常绿植物，在阴暗的环境中生长良好。

这种植物的叶子不会凋落，有着独特的银绿色。它不适应干旱的土壤和强烈的光照，可以种在灌木丛下。同时，虎耳草是很漂亮的覆地植物，可以很快铺满大片的湿润土地，但又不具备侵袭性，在这方面几乎没有植物能和它相比。并且，虎耳草几乎没有根系，且身体小巧，即便生长太快，蔓延的面积过大，也很容易拔除它。

虎耳草的花期在7月前后，能开出圆锥形花朵。

虎耳草是一种漂亮的覆地植物，只有3厘米高。

布满苔藓的老树上爬满了虎耳草，我们可以看到虎耳草红色的长枝蔓。

“彩色闪光”落新妇

叶子的颜色远胜花朵

虎耳草科落新妇属

学名：*Astilbe 'Color Flash'*

别名：小升麻、术活、马尾参、山花七、阿根八、铁火钳、金毛三七等

春天萌生的新叶已经带有迷人的颜色。

如果我们喜欢漂亮的叶子，那么一定会喜欢上所有的落新妇属品种。

这是一种在阴暗湿地上生长的美丽植物，它的花朵很像父亲的胡须，叶子常常轮廓分明，根据品种不同，有着不同的大小图案。“彩色闪光”落新妇，凭借红绿相间的叶子和淡粉红的花朵，更显得卓尔不群。一年之中，它的观赏期长达八个月。我是通过勒巴吉苗圃的园艺师才认识它的。

如果夏季的水分足够，落新妇就会长得很强壮。它们和鬼灯檠属植物有着相同的生长需求条件，能很好地共生。

漂亮迷人的叶子比花更加抢眼。

玉簪属

从土里长出的叶子

百合科

学名：*Hosta*

玉簪属草本植物以美丽的叶子闻名于世，栽培出那么多变种是不久以前的事情。

几十年前，“优雅”玉簪刚出现的时候，大家都被它漂亮的灰蓝色的巨大叶片和白色的花朵迷住了。接着，更多的新品种被栽培出来，它们有着各种各样的颜色，让花园变得多姿多彩。它们很容易活，生命力很强，在花园里可以存活30年以上，这对于多年生植物来说是很少见的。

很可惜，蛞蝓和蜗牛很喜欢吃它们的叶子。在玉簪属植物刚长出根的时候，可以使用一点小药丸，就能暂时解决这个问题。但是那些虫子在夏天会卷土重来，把低浓度的波尔多液（硫酸铜和熟石灰的悬浊液）喷雾洒在叶子上，就能够阻止它们，因为它们憎恶铜离子。

玉簪属植物的根系非常结实，以至于能够完全抵御周围植物对它们的侵蚀，哪怕种在一根竹子边上，它们也能毫发无损。

“爱国者”玉簪（*Hosta 'Patriot'*）几乎是蓝白色的，是很强壮的一种植物。

3 月底，玉簪属植物的根伸出了地面，很快，它们的叶子就要长出来了。这是“优雅”玉簪（*Hosta 'Elegans'*），它的叶子可以长到 80 厘米。

“爱国者”的叶背让我们看到类似阿拉伯花纹的美丽图案。

即便处于花期，“爱国者”的叶子同样更胜一筹。此处的“爱国者”与六出属（*Asltroemeria*）植物生长在一起。

“霓裳”波纹玉簪（*Hosta undulata'medio variegate'*）与长在它根系边的心叶黄水枝（*Tiarella cordifolia*），前者白色的茎干是那么美。

“荣耀保罗”玉簪（*Hosta 'Paul Glory'*）的颜色和纹理是多么的丰富！

6月的清晨里，佩里耐克花园中的“荣耀保罗”。

玉簪属与蕨类和谐共生的画面，图中是红盖鳞毛蕨（*Dryopteris erythrosora*）和“荣耀保罗”。

“红绿灯”裂矾根的小叶子“长”在“优雅”玉簪上。

“黑曜石”矾根“骑”在“荣耀保罗”上。

杜鹃属

杜鹃的叶子具有了不起的独特性

杜鹃花科

学名：*Rhododendron*

杜鹃属是那种会开出植物界最美花朵的灌木之一，花期经常会长达一个月。

一个花园如果只有一个月的花期可以看到美景，那是不够的。幸运的是，杜鹃属的很多品种有着非常出色的叶子。在一年的某个季节，这些叶子可以是细薄的、圆形的、硕大的、巨型的，而且颜色也不一样，有灰色、紫红色、赭石黄、赭石红等。叶龄不长的叶子在6—8月时特别吸引人。我很少见过叶子和花朵都能如此卓越的灌木，虽然杜鹃花的开花季犹如一场豪华的盛会，但我选择种植它们，更多的是因为它们的叶子之美。

要种植杜鹃花，如果我们遵循一些要点，比如酸性土壤，排水良好，它就能很长久地存活。在英国的一些大花园里，很多杜鹃花的树龄超过了150年，而且状态非常良好。

杜鹃花部分品种喜阴，其他的喜阳，尤其是那些有着一层保护性茸毛的品种。

木兰杜鹃（*Rhododendron nuttallii*）的叶子和花朵都具有观赏性。

杜鹃属（*Rhododendron*）植物叶子的形状、大小和颜色都是出类拔萃的。

台湾山地杜鹃和木兰杜鹃

杜鹃为防止阳光照射而长出的茸毛，也能给我们带来美感

杜鹃花科杜鹃花属

学名：台湾山地杜鹃（*Rhododendron pachysanthum*）

木兰杜鹃（*Rhododendron nuttallii*）

杜鹃花叶上有一层如薄纱般的茸毛，其作用是防止阳光的过度照射。

通常这层茸毛很有观赏性，有时呈现银白色，有时是浅黄褐色，或者赭石红色。根据品种不同，杜鹃花叶片上的茸毛可以保持2～3个月，一场冬雨会把它们洗去。屋久岛杜鹃（*Rhododendron yakushimanum*）、锈红毛杜鹃(*Rhododendron bureavii*)、台湾山地杜鹃都是其中的代表。

毛被是叶子底下的绒毛，有些是看不见的，有些却有着鲜艳的色彩。“查尔斯·勒蒙阁下”杜鹃（*Rhododendron'Sir Charles Lemon'*）、屋久岛杜鹃、印度黄花杜鹃（*Rhododendron macabeanum*）都拥有很漂亮的毛被。有些杜鹃拥有可持续整年的彩色叶子，大多为紫红色，比如黄花杜鹃（*Rhododendron lutescens*）和“伊丽莎白·洛克哈特”杜鹃(*Rhododendron'Elisabeth Lockhart'*)。

杜鹃花的特点在于它全年都具有观赏性。春天，杜鹃开出美丽的花朵；夏季，漂亮的新叶又夺人眼球；初秋，我们可以观赏它的花蕾；冬天，杜鹃的叶子又呈现出不同形状和颜色。不同品种的杜鹃，叶子的大小不一，例如，粉紫杜鹃（*Rhododendron impeditum*）的叶子只有大约1厘米长，而凸尖杜鹃（*Rhododendron sinogrande*）的片子长度可以超过50厘米。

木兰杜鹃是一种很美的杜鹃属植物，其多泡状的大叶子是咖啡色的，花朵有着芬芳的香气，产自缅甸。

台湾山地杜鹃有着一层很厚的白色和淡黄褐色的茸毛。

屋久岛杜鹃

很难在这种极品级植物身上找出瑕疵

杜鹃花科杜鹃花属

学名：*Rhododendron yakushimanum*

屋久岛杜鹃的叶子在一年中都会持续展露出一种少见的美。它的叶片很窄，整个夏季都披着一层亮灰色的茸毛，也很密实，更增添了几分美感。

屋久岛杜鹃的花蕾是粉红色的，开出的花则是纯白色。终其一生，屋久岛杜鹃都长不高（很少超过 1 米），可以装点任何地方的花园。

它可以在暗处生长，不过在阳光下会显得更美，因为这样会突出它白色的茸毛。我喜欢把它们与禾本科植物混种，比如“青铜形态”发状薹草（*Carex comans* ‘Bronze Form’），或者荆芥针茅（*Stipa tenuifolia*）。此外，屋久岛杜鹃的白色叶子和“黑叶”羽毛枫（*Acer palmatum* ‘Dissectum Nigrum’）的对比色搭配也很有观赏性。

我把屋久岛杜鹃和几乎是纯黑色的“小汤姆”薄叶海桐（*Pittosporum* ‘Tom Tumb’）搭配着，种在花园的喜马拉雅小道边，凸显出一种黑白分明的效果，我一直很喜欢这样的黑白对比色。18 年来，我种下了 45 株屋久岛，没有一株生过植物常见的病，每一株现在都生长良好。

屋久岛杜鹃、巨丘斯夸竹（*Chusquea gigantean*）和“小汤姆”薄叶海桐。

屋久岛杜鹃和荆芥针茅。

“黑叶”羽毛枫前的屋久岛杜鹃以及它美丽的白色叶子。

佩里耐克花园的喜马拉雅小道上，一株银灰杜鹃（*Rhododendron sidereum*）的周围围绕着众多有着银白色新叶的屋久岛杜鹃，还有“小汤姆”薄叶海桐在一起作为对比。而“三色”麻兰（*Phormium 'Tricolor'*）和“青铜形态”发状薹草的加入，又让色调变得柔和起来。

稍远处的金明竹（*Phyllostachys 'Castillonis'*）和一株软树蕨，为此处更增添了几许异国情调。没有开花的杜鹃凸显的是一种别样的美丽。

这个组合表现出杜鹃属植物的叶子在色彩、材质、图案以及大小上的多样性。1. 凸尖杜鹃；2. 杯毛杜鹃（*Rhododendron falconeri*）；3. 夺目杜鹃（*Rhododendron arizelum*）；4. 木兰杜鹃；5. 屋久岛杜鹃。

这些叶子简直柔美极了，让人感觉像花朵一样精细。1. 印度黄花杜鹃；2. 夺目杜鹃；3. 屋久岛杜鹃；4. 乳黄叶杜鹃（*Rhododendron galactinum*）；5.“查尔斯 · 勒蒙阁下”杜鹃。

杜鹃花新叶初生时不可思议的色调变化

这是在杜鹃花盛大花期结束后的又一场展示秀，这些叶子有粉红的、大红的、酒红的、灰色的、白色的、赭石黄的、赭石红的、蓝色的……

在银灰杜鹃的新叶背后，隐藏着一株屋久岛杜鹃。这两种杜鹃的叶子都是我花园的观赏叶。

白马银花（*Rhododendron hongkongense*）的新叶颜色让人惊讶，开出的白色花朵也非常漂亮。

黄花杜鹃的叶子为我们带来了纤瘦的“身材”和漂亮的深酒红色，另外也不要忘了 4 月前后它开出的柠檬黄色花朵。

泡泡叶杜鹃（*Rhododendron edgeworthii*）是一种附生植物，冬天它需要排水效果非常好的土壤环境才能生长，而夏天则需要绝对潮湿的环境。

“查尔斯 · 勒蒙阁下”杜鹃长得越高，越能让人欣赏到它赭石红色的美丽毛被。

锈红毛杜鹃有着漂亮的淡黄褐色茸毛。一年四季它的叶子都很美。

没有两株黄钟杜鹃（*Rhododendron lanatum*）是完全一样的。它们自种子萌发，每次都会长出带着深赭石色茸毛的叶子。

“乔治国王”杜鹃（*Rhododendron ‘Loderi King Georges’*）的漂亮新叶。这种杜鹃开出的白色花朵不仅带有香味，其尺寸大小也在植物界名列前茅。它的耐寒度可以达到 -15℃，成年植株高达 5 米以上。

宽柄杜鹃（*Rhododendron rothschildii*）有着硕大的叶子和奇异的茸毛，达到 10 年树龄的植株会开出白色的花朵。耐寒度可以达到 -12℃，成年植株高达 5 米以上。

在这片阳光充裕的北向高地上，不同品种的杜鹃花重叠掩映，令人赏心悦目。那棵高大的叶子微微泛黄的灌木是“切罗基落日”山茱萸（*Cornus'Cherokee Sunset'*），边上是一株几乎全白的“帕维罗伦卡”接骨木。最前面的是几株开满花的屋久岛杜鹃和有着蓝色叶片的山育杜鹃（*Rhododendron oreotrephes'Bluecalyptus'*）。

高处是叶片巨大的“乔治国王”，低处是一些禾本科发状薹草属植物（*Carex comans*）、“全金”箱根草（*Hakonechloa 'All Gold'*）和蓝色叶子的大型澳大利亚早熟禾（*Poa labillardieri*）。在深处，是一株银粉金合欢（*Acacia baileyana*）和一株“花叶”薄叶海桐（*Pittosporum tenuifolium 'Variegatum'*）。这些不同颜色、不同品种的叶子，给这片花园绘出了一幅多姿多彩的画卷。

麻兰属

在花园中全年存在的彩虹

龙舌兰科

学名：*Phormium*

别名：新西兰麻、灵惠麻

这种植物来自新西兰，有好几个种类，比如山麻兰（*Phormium cookianum*）和新西兰麻（*Phormium tenax*）。在我居住的布列塔尼地区（位于法国西部，与英国隔海相望），新西兰麻的叶子长达3米，并且很硬直，山麻兰的叶子则比较柔软，形成优美的弧形。

新西兰人是出色的品种栽培师，他们培育出了数十种不同的麻兰品种，有粉红的、柠檬黄的、黑色的、深绿带黑线条的等。这种植物能生长在海边并抵御海风的侵袭，而在它们的出产地新西兰，它们常常生长在沼泽地区。

麻兰对土壤的酸碱度不敏感，弱点是耐寒力不够，特别是山麻兰，还不到-10℃。不同种类的麻兰可以种植在一起，也能和禾本科植物和谐共处，比如它们土生土长的伙伴——新西兰风草（*Anemanthele lessoniana*）。

生长几年后的麻兰，可以对它进行分枝，就像多年生植物那样。它还有一个优点——全年叶子都是彩色的。在冬季，它们可以很好地装点花园。

粉绿相间的“小丑”麻兰。

“小丑”麻兰（*Phormium*‘*Jester*’）枝干上的每一片叶子的颜色都给人带来惊喜。

新西兰麻的前代品种，杂交品种“威廉姆斯”麻兰（*Phormium 'Williamsii'*）的叶子非常壮观，超过 2 米长。

“金色波浪”麻兰（*Phormium‘Golden Wave’*）很柔软，继承了山麻兰的特性。

“喜悦奶油”麻兰（*Phormium‘Cream Delight’*）的叶子颜色嫩黄，与别的色调很容易搭配。

最远处是“威廉姆斯”，中间是“黑暗中的黑暗”麻兰（*Phormium*‘*Black in Black*’），最前面的是“小丑”。

用不同品种的麻兰很容易搭配出漂亮的颜色组合。

麻兰也是构成佩里耐克花园异国情调的一部分。

“小丑”的细节图，热烈而和谐的色彩清晰可见。

黑绿相间的“海之玉”麻兰（*Phormium'Sea Jade'*）很少见，叶子长度通常不会超过 1.2 米。

帚灯草科

叶子比最细的竹子还细

学名：*Restionaceae*

我们种植帚灯草科植物有15年了，它们来自南非，生长在凡波斯沼泽地区的山龙眼科（*Proteaceae*）植物的旁边。它们是常绿植物，而且不会长出根蘖，高度在木贼类(*Equisetum hyemale*)和竹子之间。

至于对寒冷的耐受度，一旦种植成活，它们可以耐受 -8 ~ -9℃的低温。帚灯草科植物喜阳、喜湿，喜欢夏季能保持潮湿的黏土质土壤。通常我们会买下它的幼体来种，初始的几年它们要适应新环境，那是最困难的阶段，接下来，只需要在春天清除掉折断和枯萎的茎秆，它就能在夏天长得很美了。

帚灯草科植物的特征是叶子细长，部分品种的高度可以达到3米，非常漂亮。从种下到植株进入成熟期，差不多需要五年。

帚灯草科植物能和树木状蕨类、竹子、大型麻兰（如新西兰麻或杂交品种“威廉姆斯”）进行混种。目前有100多种不同的帚灯草科植物，最美也最常见的是好望角竹灯草（*Elegia capensis*）、骨被灯草（*Chondropetalum*）和扑克芦竹。在法国，罗斯科夫花园第一个全面收集了帚灯草科植物的品种，而我是在南非开普敦的克斯坦布希花园首次发现它们的。

扑克芦竹漂亮的红色鳞茎。

清晨8点，扑克芦竹在露水中卷曲着，在它们根须边的是“伴侣”肺草（*Pulmonaria accompanies*），还有“冰舞”芒髯薹草（*Carex morrowii 'Ice Dance'*）。

好望角竹灯草

富有图案且姿态优美的植物

帚灯草科

学名： *Elegia capensis*

别名： **南非竹灯草**

好望角竹灯草是帚灯草科植物中最漂亮、卖得最好的一种，它的轮生体的外层有着白色反光，在春天发出极其闪亮的三角形光芒。在适宜的湿度和阳光照射下，它能很快长到高达2.5米。

这种植物的生长期和树龄很长，一旦成功种植，不需要任何特别的养护，夏天土壤干燥的时候多浇一点水就行了。

毫无疑问，南非以其巨大的植物品种库给我们带来太多的惊喜！

好望角竹灯草的任何一处都可以看到美丽的图案。

轮生体的外层特别彰显了它的美。

春天，好望角竹灯草的美丽姿态。

当人们看到骨被灯草的叶子时，马上就能想到日本的米卡多游戏棒(MIKADO SPIEL)。它的高度在1.2米左右，一年四季都很美，从不会干扰其他植物的生长！

在扑克芦竹的根部，是一株虎耳草。

在“威廉姆斯”麻兰和聚星草的后面，是一株骨被灯草。

一株雄性扑克芦竹，以其花簇闻名。

左边是半株软树蕨（*Dicksonia antarctica*），右边是美丽的扑克芦竹，还有一些秋海棠（*Begonia grandis*）、“斑叶”聚合草（*Symphytum 'Variegatum'*）和肺草属植物。

扑克芦竹细长如缝合线的叶子。

鸡爪槭

颜色多样的精致树叶

槭树科槭属

学名： *Acer palmatum*

别名：红枫、鸡爪枫、七角枫、槭树、青枫、日本红枫、小叶五角鸦枫、鸦枫、青槭、枫树、五角枫、洋枫等

很难找到叶子比鸡爪槭更高贵、更精致，颜色更丰富的树种了，这些叶片在春天的时候让人眼花缭乱，到了秋天又适合大大小小的各种花园。

鸡爪槭叶子的线条极其优美，秋冬季节十分吸引眼球。它并不算好养活的品种，但仍有着很大的优势——极佳的耐寒性，可抵御 -15 ℃的低温。

它能适应酸性至中性的土壤，偏爱松软且排水良好的土壤，比如腐殖质土。在幼龄期，鸡爪槭就很漂亮了，随着树龄的增长，它的风采会更加迷人。夏天的时候，要避免它受到过于炙热的光照，稍微阴暗一点的环境对它是最适宜的。

有部分鸡爪槭品种的树叶在夏天会始终带有颜色，另一些品种在春天或秋天才会如此，个别品种的叶子会在春、夏、秋三个季节都显色。我们从来不会为种下一株鸡爪槭而后悔！

一株“血红”鸡爪槭（*Acer palmatum* ‘*Bloodgood*’）的叶子刚刚长出，很快，它就会变成均匀的深紫红色。

5月的“新出猩猩”鸡爪槭（*Acer palmatum‘Shindeshojo’*），叶子从粉红色到紫红色，让人赏心悦目。这样的盛景将持续两个月。

“紫叶”鸡爪槭（*Acer palmatum‘Dissectum Atropurpureum’*）的黑红色茎干和一片黑红色的叶子。

“旭鹤”鸡爪槭（*Acer palmatum*‘*Aza-Zuru*’），一旦茎干完全长出，叶子还处于半透明状态时，整个夏季都会呈现粉红色和绿色。

“大镜”鸡爪槭和“线裂”鸡爪槭

无与伦比的奢华之美

槭树科槭属

学名：“大镜”鸡爪槭 *Acer palmatum ‘Okagami’*

“线裂”鸡爪槭 *Acer palmatum ‘Linearilobum’*

从4月到11月，“大镜”和“线裂”每天都会随着光照和时间的推移而改变颜色，令人倍感惊喜。

而另一些之前一直默默无闻的鸡爪槭品种，要到10月份才会变成一块五光十色的“色彩调色板”，从亮黄色到印度粉红色，中间还会有橘黄色、酒红色，且还有朱砂红，一下子给我们带来秋天盛大节日到来的感觉。

这个季节预示着冬天即将来临，黑夜将变得更加漫长，然而幸好我们有鸡爪槭，它让我们乐晕了头！

“大镜”鸡爪槭的几片华美叶子落在了一棵欧石楠属（*Erica*）植物上，前者是秋天里颜色最鲜红的品种之一。

秋季的“线裂”鸡爪槭（*Acer palmatum*‘*Linearilobum*’）。

“新出猩猩”在落叶时依然美丽动人。

“大杯”鸡爪槭（*Acer palmatum*‘*Osakasuki*’）可能是秋季里最富色彩的品种。

“橙之梦”鸡爪槭（*Acer palmatum*‘*Orange Dream*’）在春天和秋天时的色彩同样丰富。

“大镜”鸡爪槭的叶子，色彩和图案极其丰富。

“线裂”鸡爪槭的最后一片落叶。

蕨类植物

犹如具有不同大小和颜色的花边

学名：*Pteridophyta*

说到叶子最具有美感的植物，蕨类当仁不让。自然界的蕨类植物有数百个品种，它们经常会自发地生长在阴暗或半阴暗的环境中，具有很强的适应能力。而且，它们比我们想象的要更容易种植，传播种子的能力也很强。

很多蕨类植物都是不落叶的，整年都很好看。它们的植株大小差异很大，低的只有几厘米，高的呈树木状，有几米高。

秋天对蕨类植物进行移种比较容易。在我的花园有一块平地兼小道的区域，我常把它们和玉簪属、肺草属、落新妇属以及禾本科植物混种在这里。此外，把它们作为覆地植物种在杜鹃花树之间也不错。树木状的蕨类植物和竹子能和谐混生在一起，尽管这两种植物的根系都很发达，但它们能做到互不侵犯。

一片智利乌毛蕨叶子的细节图。

红盖鳞毛蕨（*Dryopteris erythrosora*）的一片新叶。

智利乌毛蕨（*Blechnum chilense*）的弯柄正在茁壮生长。

蕨类植物有一个共同点：它们的名字都很难记。

不同种类的蕨类植物，其耐寒度相差较大。冬天，美丽的软树蕨即将长出新的蕨叶，如果上面覆盖有一层干叶的话，它可以耐受 -12℃的低温。对寒冷最不适应的是银蕨，它能耐受的低温不到 -8℃。

蕨类都很喜欢新鲜的腐殖质土壤，比较适应阳光的照射，我有好几株软树蕨就种在土壤潮湿、阳光直射的环境中，生长状况良好。有些蕨类品种比较喜阴，它们的叶子在半阴暗的环境中比较好看。

软树蕨的一支弯柄。

极其精致的日本蹄盖蕨（*Athyrium niponicum*）呈现出金属般的银色和紫红色光芒。

欧洲对开蕨

铁角蕨科铁角蕨属

学名：*Asplenium scolopendriu*

别名：对开蕨、丛叶铁角蕨

这种蕨类是土生土长的法国品种，通常生长在面北的堤岸，或者在潮湿而遮阴的陡峭斜坡上。我们常常可以在老井的内壁和小溪流边找到它们的身影。

欧洲对开蕨不惧怕石灰岩质或酸性的土壤，能广泛适应法国各地的环境。它是非落叶植物，成熟期的高度不会超过45厘米。

这种蕨类植物是被保护的品种，不允许在大自然里采摘。种在花园里非常不错，但目前被种植得不多，市面上流通买卖的也不多。

它在全年都可以被观赏，和其他修剪了叶子的蕨类植物可以很好地共生，也可以和玉簪花以及同样喜阴的禾本植物一起混种。

欧洲对开蕨，一种广泛存在的土生蕨类，叶片很漂亮。

铁角蕨

铁角蕨科铁角蕨属

学名：*Asplenium trichomanes*

别名：篦子草、地蜈蚣、洞里仙、凤尾草、金星草、石蜈蚣、铁线蕨等

金钱麻（*Helxine soleirolii*）的生长势头快要赶上铁角蕨了，这两种植物都喜欢在阴暗的墙面上生长。

这种小蕨类常常可以在墙缝里找到，也是非常美的植物。在法国布列塔尼地区，它们多生长在花岗岩墙体上，一点也不怕石灰岩的土质。

它们的耐旱能力令人惊讶，相对而言，其根系却长在只有几毫米范围的土壤里，有时需要的土壤面积可能更少。

在佩里耐克花园，当部分矮墙被各种各样的植物占满，在我看来多少有点不太美观的时候，我就会小心地用手把这些植物清除掉，唯独会留下美丽的铁角蕨。之后，它们就会茂盛地生长，把所有的矮墙都细致地装饰起来，而这成为布列塔尼地区的一道风景线。

智利乌毛蕨

具有卷曲状和琥珀色的蕨叶

乌毛蕨科乌毛蕨属

学名：*Blechnum chilense*

这种蕨类来自智利，是非常适合花园种植的植物。

它是非落叶植物，高度有1米多，它的形态让我们立即感受到一种异国情调。春季时智利乌毛蕨的叶片生长很有戏剧性，开始呈琥珀色，然后逐渐变绿，最后叶子会优雅地卷曲起来。

智利乌毛蕨的耐寒能力良好，花蕾和根系能耐受 -20℃的严寒，叶子可以抗击 -9 ~ -10℃的低温，因此可以在很多地方种植它们。

根据我在佩里耐克花园工作的经验看，从腐殖质土壤到黏土质的土壤，它都能很好地适应。如果可能的话，尽量把它们种在湿润和阴暗的土壤环境中。

我曾拥有的唯一一棵智利乌毛蕨，七年时间里它扩展到好几平方米的范围，现在，它已经成了花园的苗床了！

秋海棠在乌毛蕨的附近大量生长，但从不会互相影响到。

软树蕨

它们有着 5 米的高度和 4 米的直径

蚌壳蕨科蚌壳蕨属

学名：*Dicksonia antarctica*

别名：树蕨

这种蕨类来自塔斯马尼亚的桉树林，已经有几百万年的历史。它们在原产地可以长到 5 米高，是树木型的蕨类中最能抗寒的品种，已经有部分成年树种成功抵御 -15℃低温的报道，五年以上树龄的软树蕨可以轻松耐受 -12℃的严寒。

它的外形让人想起热带雨林中的大型竹子。树龄成熟以后，软树蕨修剪过的叶子会长得非常大，长达 2 米以上。在 -6 ~ -7℃时，这种蕨类会被结冻，但植物本身不会受到伤害，第二年仍然能很好地生长。夏天它们会长在比较潮湿的土地里，在水流源头或有水塘的地方，它们的长势尤其好。在我的花园里，它们四处撒播自己的种子，甚至在一些意想不到的地方都能找到它们的身影。

在湿润多黏土的环境中，软树蕨会比我们想象的长得更快。树龄超过五年后，它们的枝叶范围可以达到 4 米见方，高度达 2 米，树干直径超过 40 厘米。它们强大的根系大多会冒出地面，并且可以掏空周边的土壤。所以，种软树蕨完全没有必要挖深坑。如果它的根系能在夏天得到足够的水分，它完全可以在光照的环境中生长。

软树蕨在佩里耐克花园中的自体传播。

新的蕨叶要等到 6 月才会长出。

在抚摸过叶子的背面后，哪怕在胚芽期，我们也会重新认识软树蕨，把它们从数千种的植物中寻找出来。

现在是 2014 年 5 月 20 日早上 8 点，在佩里耐克花园南方园的入口，耸立着两株 12 年树龄的软树蕨，正沐浴在早晨的阳光中。它们的后面，是几株新西兰麻和朱蕉属（*Cordyline*）植物。

红盖鳞毛蕨

五月中的秋季

鳞毛蕨科鳞毛蕨属

学名：*Dryopteris erythrosora*

别名：红蕨、红囊鳞毛蕨、红星草、鳞毛蕨

这是我在花园中种得最多的蕨类品种，始终对它喜爱异常。

它的叶子在整个春季是淡淡的黄褐色，很有观赏性。它从来不具备侵略性，可以和其他植物混种。在半阴暗环境中生长，它的叶片会更加漂亮。

红盖鳞毛蕨可以很轻松地在不同性质的土壤中生存，腐殖质、酸碱度不一的黏土质等都没有问题，而在新鲜的腐殖质土壤里长得最快。它的成年品种可以长到80厘米高，是非落叶植物，四季都具备观赏性。它可以耐受 -15℃的低温。

“金属粒子” 日本蹄盖蕨

有灰色的蕨类吗？是的，确实有！

蹄盖蕨科蹄盖蕨属

学名：*Athyrium niponicum ‘Metallicum’*

别名：华东蹄盖蕨、华北蹄盖蕨、云南蹄盖蕨、小叶山鸡尾巴草等

这种小型蕨类植物的颜色令人感到不可思议，它的叶子呈现带紫红色的银光，并且非常精致，在植物界实属罕见。

“金属粒子”日本蹄盖蕨在潮湿的腐殖质土壤中很容易种植存活，要让它生长良好，需要把它种在暗处。大多数情况下，它会长出一些根蘖。不过，“金属粒子”日本蹄盖蕨的植株小而美，这些根蘖根本不够用。

这种蕨类的成年植株最高能长到40厘米，其雅致的身影和紫红色的筋骨草属（*Ajuga*）植物在一起可谓相得益彰，更能突出它金属般的色泽。它可以耐受 -15 ℃的低温。

银蕨叶子背面的银色令人感到不可思议，在新西兰，它长在野外小道边，夜里行走时可以看见它们。

银蕨

银色的树木型蕨类植物

桫椤科番桫椤属

学名：*Cyathea dealbata*

别名：银背番桫椤

银蕨和“银枪”聚星草，两者都来自新西兰。

这一棵银蕨的叶子也很漂亮，带着淡淡的绿色。

这种蕨类来自新西兰，也是新西兰国家橄榄球队的队徽标志。

银蕨硕大叶子的背面为银色，堪称自然界的一大杰作，仅仅观察它叶背已经是一件让人赏心悦目的事情。

银蕨有一些特点：稀少，难种，耐寒度一般（-5 ~ -6℃）。

种植银蕨时，需要让土壤尽量保持在新鲜状态，最好是光照条件良好或半阴暗的环境，而且不能有大风。和软树蕨不同，银蕨长得很慢，刚开始种下时会比较脆弱。

我十年前在花园种下过一棵银蕨，现在它有 1 米高，蕨叶有 1.5 米长，这已经很不错了，但仍远远达不到它在自然环境下的生长尺寸——在新西兰，它可以长到 10 米长。

银蕨的银色叶子和同样来自新西兰的聚星草在一起显得很协调，两者的生长条件也类似。

庐山石韦

产自中国的蕨类，在法国的园艺师那里不太容易找到

水龙骨科石韦属

学名：*Pyrrosia sheareri*

别名：大金刀、大连天草、大叶石韦、骨碎补、箭戟蕨、卷莲、岩人树等

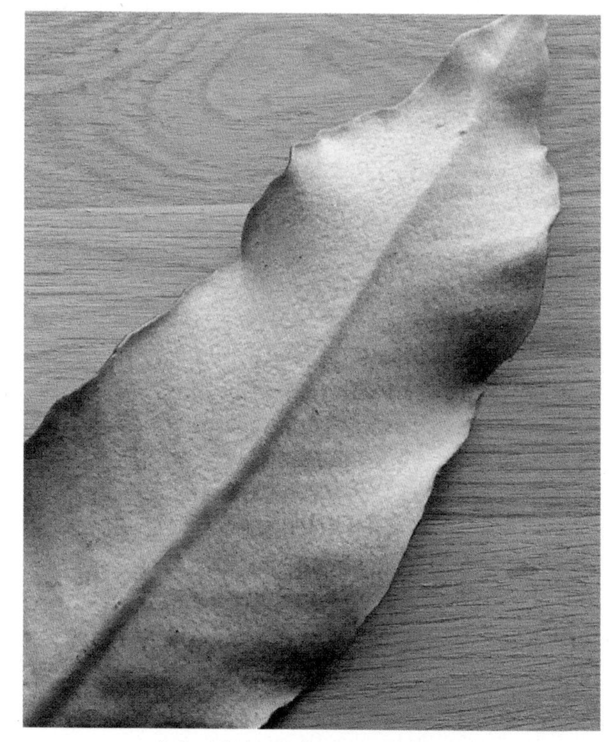

庐山石韦叶子的背面几乎是白色的。

它是常绿植物，有着匍匐生的根茎，能与杜鹃和绿绒蒿属（*Meconopsis*）植物愉快地共生。

庐山石韦会在峭壁表面的苔藓中长大。它的蕨叶很硬，随季节变化而从白色转为褐色的叶子背面又让它显得很精致。庐山石韦生长和传播得非常非常慢，我们会等不及的！

在佩里耐克花园，庐山石韦生长在阴暗处绿绒蒿属植物的旁边，土壤环境有点潮湿，但排水良好。

它相当能耐寒，可以抵御 -10℃的低温，不过它太少见了，我们在这方面的经验并不多。

庐山石韦的叶子很硬。

五加科

围绕着树干的硕大扁叶

学名：*Araliaceae*

如果我们喜欢观赏有美丽形状的大型叶子，就一定会喜欢上这个名叫五加科的植物家族。

它们大多产自喜马拉雅地区，但不是全部，因为常春藤也属于这个家族。其中部分家族成员非常有名，比如八角金盘（*Fatsia japonica*），通常又被称为日本楤木属植物。我花园里的八角金盘耐寒性非常好，1986 年 1 月成功抵御过 –18 ℃的低温。自然界有很多五加科的植物：山参属（*Oreopanax*）、鹅掌柴属（*Schefflera*）、罗伞属（*Brassaiopsis*）、矛木属（*Pseudopanax*）、甘蓝树属（*Cussonia*）、刺楸属（*Kalopanax*）、通脱木属（*Tetrapanax*）和常春藤。

这些植物的形状都带着异国情调，唯一的树干被修剪齐整的大树叶围绕着。这几年，市面上逐渐能看到一些新的品种，也是产自喜马拉雅地区，非常耐寒，比如穗序鹅掌柴（*Schefflera delavayi*）可以抵御 –15 ℃的严寒，并且在英国已经成功过冬，还有种植在 Kerdalo 花园的凹脉鹅掌柴（*Schefflera rhododendrifolia*），曾经抵御了 –11 ℃的低温。

穗序鹅掌柴的叶子背面呈现出一种漂亮的近乎发白的灰绿颜色。

大自然怎么会创造出这样美丽动人的树叶图案！这是一株漂亮的“可锻铁”罗伞（*Brassaiopsis mitis*）。

山参

五加科

学名：*Oreopanax epremesnilianus*

在佩里耐克花园的庄园前面，有一株 18 年树龄的山参，它有 6 米高。

这种美丽的五加科植物有一个缺陷：非常难以繁殖，这应该是它稀少的原因。另外，它在野外已经消失。它可能产自智利，但到目前为止我们还没有找到过它的踪迹。

我在 18 年前把它种在了花园里。它曾经历过的最低气温是 -7℃，但没有一片叶子被冻坏。它耸立在我的房子前，沐浴在阳光里。现在它占地面积变得太大了，每年都给它剪枝，即便如此，它还是长到 6 米高。

这株植物脚下的土壤很少，但对它来说足够了。我曾经送给我的园艺师朋友们几十个根蘖，有些人神奇地种植成功了这种山参。

穗序鹅掌柴

可能是鹅掌柴属植物中最能适应环境的一种，也是最美的品种之一

五加科鹅掌柴属

学名：*Schefflera delavayi*

别名：假通脱木、大五加皮、柴厚朴、大通草、绒毛鸭脚木、野巴戟、五加皮等

拥有这种植物是所有园艺师的运气。它很稀少，充满异国情调，叶子异乎寻常的漂亮。它是常绿植物，耐寒度可以达到 -12 ℃以下 (有报道甚至说可以达到 -15℃)。

春天，当穗序鹅掌柴的新叶长出时，那真是一次盛会，我总是急不可耐地等待它的到来。成年的穗序鹅掌柴可以长到数米高。

我估计很快就能在一些充满职业热情的园艺师那里见到这种植物的影子，比如在 Arven 和 Vert’Tige 的花园里。最好把它们种在一个避风且富有腐殖质土壤的场所，周围种一些其他树木来保护它。最美丽的穗序鹅掌柴品种，就像喜马拉雅地区的其他植物一样，通常都生长在科努瓦耶地区。

春天新长出的穗序鹅掌柴叶子。

穗序鹅掌柴每一片叶子的形状都有所不同。

新出的嫩叶紧紧挤在一起，似乎在互相寻求保护。

凹脉鹅掌柴

很漂亮的一种植物，尽管像是外来品种，却很适应当地环境

五加科鹅掌柴属

学名：*Schefflera rhododendrifolia*

我花园里八年树龄的凹脉鹅掌柴。

Kerdalo 花园里的凹脉鹅掌柴可以抵御 -11℃的低温。在过去很长一段时间里，它是布列塔尼地区唯一一株凹脉鹅掌柴，然后它通过扦插技术，成功繁殖出为数不多的几株。这种植物很稀少，直到扦插繁殖的几株开始产出种子后，才逐渐在花节里看到它们的身影。凹脉鹅掌柴的抗风能力一般，能适应多黏土的土壤环境。

它是常绿植物，其新叶和很多五加科植物叶子一样很有观赏性。我种下的那棵有八年树龄了，目前生长得非常好。在种下两三年后，它的生长速度就会变得很快。

“可锻铁”罗伞

又一种产自喜马拉雅地区的美丽的五加科植物

五加科罗伞属

学名：*Brassaiopsis mitis*

这种植物叶子组合而成的图案令人难以置信，如此对称、如此完美，让人几乎不敢相信这是野生的植物。

在原产地，它能长到6米高。我们不太了解它的耐寒度，但至少在-5℃的时候，它安然无事。一旦成功种植，它的根部应该可以抵御-10℃的低温。目前这种植物在法国的种植数目太少，也没有经历过特别冷的冬天，对它的耐寒极限还不太了解。像很多罗伞属和鹅掌柴属植物一样，“可锻铁”罗伞喜欢富有养分而湿润的土壤环境。

“可锻铁”罗伞是落叶植物，这在该类植物中实属罕见。如果种植在避风场所，它漂亮的叶子会少受些损害。

植物界里形状最漂亮的叶子之一，以天空为背景，我们可以欣赏到它优美的轮廓。

一片刚刚长出的新叶。

粗毛罗伞

五加科罗伞属

学名：*Brassaiopsis hispida*

这种植物是几年前从缅甸运来的，被一些植物采集者在喜马拉雅地区陡峭的斜坡上找到。我们对这种植物还很不了解，目前它们在布列塔尼地区的好几个花园里生长着。

我的几株粗毛罗伞有三年树龄了，经历过的几个冬季气温都不算低。我很喜欢它们美丽的叶子，特别是在春天长新叶的时候，它们的色调会神奇地从巧克力色转为深绿色。

我把它们与杜鹃种在一起，就像在喜马拉雅的斜坡上那样，它们在我的花园里也能和谐地共同生长！

很遗憾这种植物还非常少见，它们的叶子真好看！

夏天，完全长成的粗毛罗伞的叶子。

通脱木

给花园带来异国情调的植物

五加科通脱木属

学名：*Tetrapanax papyrifera*

它的树干可以高到六七米，叶子长达1.2米，叶背几乎全白，特别漂亮。

通脱木来自中国，长久以来被用作装饰植物。它能长出部分根蘖，抗病能力也强，非常容易繁殖。

它的耐寒度据称在 -12℃左右，如果养护得好，甚至可以轻松抵御 -15℃的冬天，继续生长。

通脱木对土壤的酸碱度不敏感，在比较新鲜和肥沃的酸性和石灰质土壤中都能生长良好。因为它有硕大的叶子，所以需要注意避风。我在佩里耐克花园把它和竹子种在一起，效果很好，它们可以互相保护。

中国人用通脱木的树皮造纸，所以给它起了一个别名：通草。它在冬季开出的花很美。

除了硕大的叶片外，通脱木从 10 月起还能开出漂亮的花朵。

新长出的通脱木叶子上有赭石色的薄层茸毛。

叶背的银色更增添了通脱木的美。

大叶鹅掌柴

多美的植物！多美的叶子！

五加科鹅掌柴属

学名：*Schefflera macrophylla*

4 月份新长出的枝叶，可见淡黄色的茸毛。

我们在最近十几年才注意到它。

威尔士地区的克鲁格·法姆苗圃经常售卖一些非凡的植物品种，是第一家对大叶鹅掌柴进行商业化销售的单位。过去，大叶鹅掌柴的价格很高，一株 150 欧元左右。我们不了解大叶鹅掌柴的耐寒度，不过这家苗圃称它可以抗击 -11 ℃的低温。2011 年英国的冬天特别寒冷，很多人种的大叶鹅掌柴都没能熬过那个冬季。

我们现在认为，根据树龄和生长条件，大叶鹅掌柴的耐寒度应该在 -8 ℃左右。这种植物产自越南北部，它的大型叶子可以长到 80 厘米左右，叶子的正面是漂亮的绿宝石色，背面是淡黄色的毛被。

我在花园里种下了三株大叶鹅掌柴，它们的树龄很短，从 1 年到 2 年不等，不过它们长得很快。Vert' Tige 苗圃的马克西姆有一棵五年树龄的大叶鹅掌柴，已经长得非常高大。

这种树木夏天喜欢半阴暗的避风的环境，喜欢肥沃湿润的土壤。它是如此之美，很值得我们冒险试种。要知道在幼龄时期，大叶鹅掌柴就已经非常耐看了。

白色的茎干和绿宝石色调的叶子非常吸引人。

禾本科

纤薄的叶子给花园带来自然和优美的气氛

学名：*Gramineae*

爱尔文·泰蒙让我见识到了斑叶芒（*Miscanthus sinensis 'Zebrinus'*），40 年前他就在自己的花园里广种禾本科植物，让我们见识到了数百种极漂亮的禾本科品种。

所有禾本科植物都易于栽培，在花园里的生长周期也很长，因为它们能自体传播。

禾本科植物能够给花园带来特殊的气质，与其他花朵配在一起相得益彰，这是皮埃特·伍道尔夫这位著名的荷兰园林设计师的拿手好戏。

我曾经试着种过非常多的禾本科植物，反复种植的品种有 30 多个，有些适应湿土，有些喜爱干土，有一些偏爱黏土。要想种好它们，在选种的时候要小心区别适合它们的土壤和光照条件。在我的泥塘里，我常常选择种植芒草，它们对这种潮湿而水分不易排出的环境很适应。

在喜马拉雅小道，我种下不少薹草，以便赋予旁边的杜鹃更多的自然气息。这些薹草特别吸引人，因为它们是常绿植物，有着奇异的颜色，比如赭石红、草黄色或橄榄绿，它们可以自体传播。

“青铜形态”发状薹草整年都保持这种漂亮的颜色，长在一株“紫叶”鸡爪槭旁边。

10 月，一簇美丽的“花叶”芒草开满花朵。左边是还在花期中的钟花蓼（*Persicaria campanulata*）。

荆芥针茅

禾本科针茅属

学名：*Stipa tenuifolia*

这种漂亮的禾本科植物，常常被称为“天使之发”，只要些许微风吹拂，其丝状穗上的芒便会波浪般起起伏伏。

它们喜欢排水良好的干土环境，但也能在条件迥异的地方自体传播，存活很多年。春天的时候，我会给它们剪枝，从5月份开始，新的枝叶就能又长出来。荆芥针茅可以和所有其他植物的花朵相配，也能和灌木类，比如这张图片上的屋久岛杜鹃相配。

一旦种植成功，你总是能在花园里注意到它。它的高度在40厘米左右，可以抵御 -15℃以下的低温。

“白卷发”发状薹草

叶片呈银白色，尖端卷曲，非常精致

莎草科薹草属

学名：*Carex comans ‘Frosted Curl’*

这是一种出色的覆地植物，美丽而有效。它和所有灰色调的植物特别相配，比如这里长期长着毛茸茸叶子的“罗宾”锈红毛杜鹃（*Rhododendron bureavii ‘Robin’*）。

它们的高度很少超过15厘米，叶子总是很浓密。它能适应全法国的环境，能少量地自体传播。在我这里，它的种子永远不够用，因为我那么喜欢它们！

日本血草

像一朵花那样红

禾本科白茅属

学名：*Imperata cylindrica 'Red Baron'*

血草叶子的色彩像花一样浓烈，它是独一无二的植物，叶子神奇地有着非常特别的亮绿色和亮红色。

血草能长到40厘米高，很少长出根蘖，直到10月，它们都非常好看。种下的第一年夏天，它们喜欢比较新鲜湿润的土壤，这样有利于生长。第二年开始，干旱对它们的影响就比较大了。

在充足的阳光照射下，血草的色彩是最亮丽的。它们的繁殖扩增速度不快，从来不具有侵袭性。

血草和芒刺果属（*Acaena*）植物特别相配，可以互相映衬。

血草和芒刺果属植物、荆芥属植物在一起。

“花叶”芒草的前面有一株金碗薹草（*Carex elata ‘Aurea’*），后者喜欢潮湿土壤，整个夏天都带着亮黄的颜色。

著名的“金叶”箱根草，非常美，覆地很密，喜欢日照和夏天新鲜的土壤。

“金叶”大岛薹草是我种得最多的禾本植物，总是那么漂亮。它不需要任何特别的养护，可以抵御 -15℃的严寒。

一株美丽的“灿星”蒲苇（*Cortaderia 'Splendid Star'*）被两株“小汤姆” 薄叶海桐衬托着。

“银斑”互叶梾木

犹如一块带花边的桌巾

山茱萸科山茱萸属

学名：*Cornus alternifolia‘Argentea’*

别名：互叶山茱萸、互叶茱萸、互生叶山茱萸、宝塔茱萸等

互叶梾木的形态非常别致，修长的几乎全白的精致叶子让人想到花边装饰，其塔状结构显得卓尔不群。在佩里耐克花园，这株互叶梾木优雅地耸立在一小块林间空地上。

互叶梾木很容易栽培，它喜欢中性或酸性的环境，喜欢新鲜土壤和比较半阴暗的光照条件。它的耐寒能力很强，可以抵御 -15℃以下的低温。

我们可以轻松地在很多苗圃里找到它们，我这里的品种来自阿尔摩里克的植物花园。互叶梾木长得很慢，不过年复一年地看到它的塔状结构逐渐生成，是一件非常开心的事。在深色植物的背景衬托下，它的优美身姿更能凸显出来。

这种互叶梾木属于灌木，在各种花园里都非常出众。在适宜的条件下，它能长到6米高，在6月份开花。秋天时它的叶子会有一些红，主枝非常漂亮。它是园林设计师卡米尔·穆勒最喜爱的灌木品种之一。

“银斑”互叶梾木（*Cornus alternifolia*‘Argentea’）在被单独种植时显得光彩夺目，它现在已经长成 6 米高的高大灌木了。

“宝塔”灯台树（*Cornus controversa‘pagoda’*）的叶子从 8 月份开始就会卷起来，并呈现出这种美丽的紫红色。

9 月时的“银斑”互叶梾木和灯台树，两者的色彩柔和地夹杂在一起。

秋叶

在寒冷的冬季到来之前，各种植物的叶子为我们提供了图画般的美丽景致，让我们备感喜悦和温暖。

2014 年 11 月 15 日见到的“维纳斯”山茱萸（*Cornus 'Venus'*）、波斯铁木（*Parrotia persica*）、“乌头叶”羽扇槭（*Acer japonicum 'Aconitifolium'*）、“彩色闪光”落新妇和沼生栎（*Quercus palustris*）。

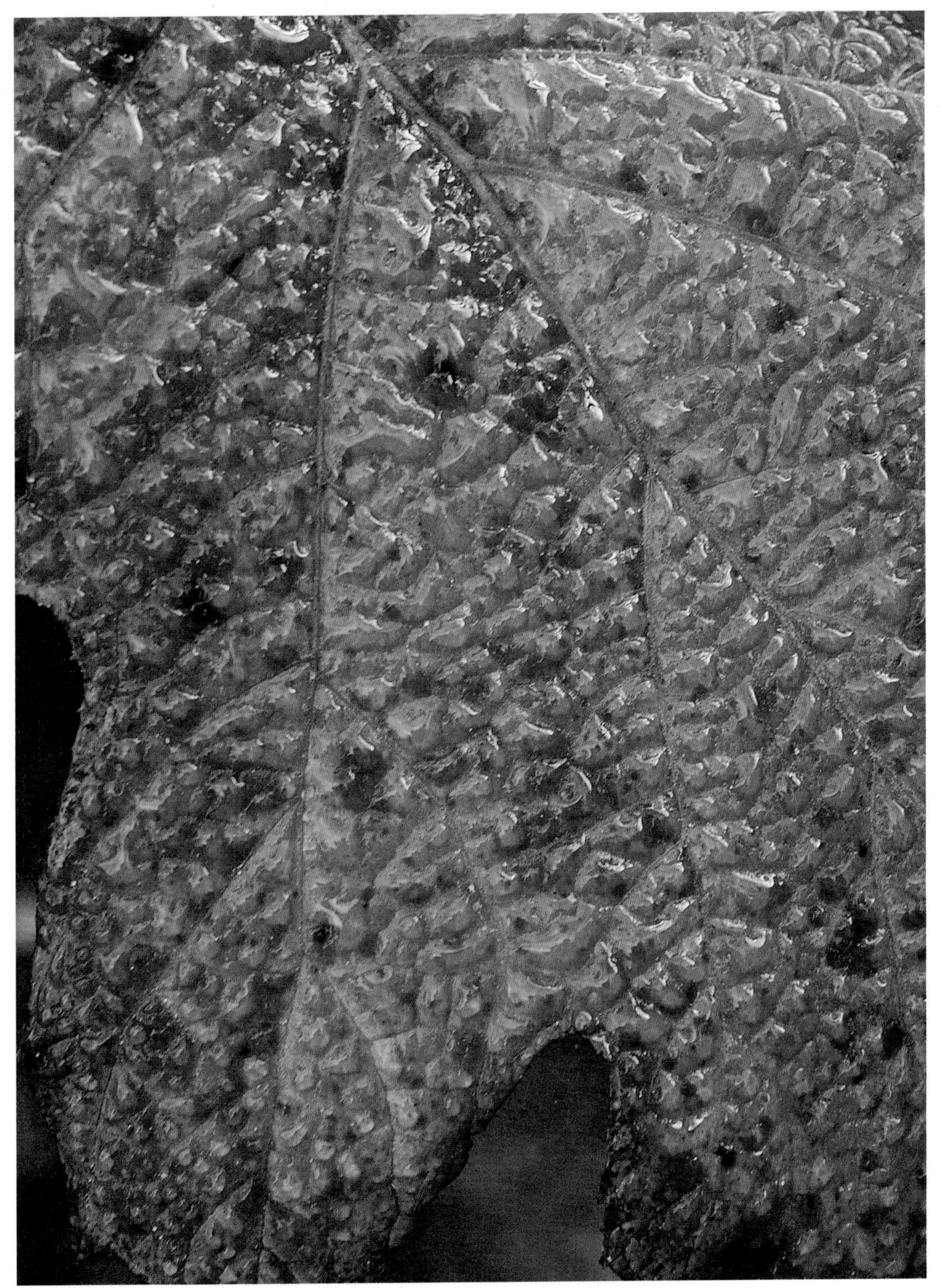

11 月份栎叶绣球（*Hydrangea quercifolia*）一片叶子的细节图。

中国四照花（*Cornus kousa chinensis*）的几片叶子，可以看到即将长出的芽苞已经成型。

中国四照花的叶子。

11 月份“维纳斯”山茱萸的叶子。

“切罗基落日” 山茱萸的叶子。

“维纳斯” 山茱萸的叶子。

“金星” 四照花（*Cornus kousa* ‘*Gold Star*’）的叶子。

“彩虹”大花四照花（*Cornus florida* ‘*Rainbow*’）的叶子。

羊踯躅（*Azalea mollis*）的叶子。

波斯铁木的叶子。

“变色龙” 蕺菜（*Houttuynia cordata‘Chamaleon’*）的叶子。

沼生栎的叶子。

“乌头叶”羽扇槭的叶子。

11 月 15 日，虽然已是秋季，但这些植物叶子依然让我们沉浸在节日般的欢快中。

冬叶

霜花像白糖一样点缀着所有的叶子，让它们显得更加楚楚动人。

冬天的时候，植物进入休眠状态以积蓄能量，为了在来年春天用它们新生的柔弱叶子给我们带来惊喜。

冬青木是我们土生土长的灌木类植物中最漂亮的品种之一，冬天是它展现最美姿态的季节。

被凌晨的冰霜盖住的一片橡树叶的简洁之美。

这些鸡爪槭的落叶依然保持着原来的风致。

霜花的降临把洋二仙草（*Gunnera tinctoria*）巨大叶片的叶脉刻画出来了，这些叶子保护着春天来临前的幼芽。

Originally© published in France as "l'émouvanté beauté des feuilles"
2015 Les Editions Eugen Ulmer,Paris,www.editions-ulmer.fr
The simplified Chinese translation rights arranged through Rightol Media
（本书中文简体版权经由锐拓传媒取得）
版贸核渝字（2017）第004号

图书在版编目（CIP）数据
树叶之美／（法）让·热拉尔著；戴建平译．—重庆：重庆大学出版社，2019.6
ISBN 978-7-5689-1357-7

Ⅰ．①树…　Ⅱ．①让…　②戴…　Ⅲ．①树叶—普及读物
Ⅳ．①S718.42-49

中国版本图书馆CIP数据核字（2018）第208357号

树叶之美
SHUYE ZHI MEI

〔法〕让·热拉尔 著
戴建平　译

策　　划：重报图书　西讯翻译
责任编辑：王伦航
责任校对：邹　忌
责任印制：邱　瑶
装帧设计：何海林

重庆大学出版社出版发行
出版人：易树平
社　址：重庆市沙坪坝区大学城西路21号
电　话：(023) 88617190 88617185（中小学）
网　址：http://www.cqup.com.cn
全国新华书店经销
重庆巍承印务有限公司

开本：787mm×1092mm　1/16　印张：12.25　字数：245千
2019年6月第1版　2019年6月第1次印刷
ISBN 978-7-5689-1357-7　定价：99.00元